动物园里的朋友们

（第二辑）

我是海豚

［俄］弗·米尔佐耶夫 / 文

［俄］叶·丘德诺夫斯卡娅 / 图

于贺 / 译

江西美术出版社

全国百佳出版单位

我是谁？

　　啊哈！我是海豚，是优秀的鲸目动物。我们海豚大家族生活在水中，但并不像鱼儿一样沉默，因为我们是既聪明又健谈的哺乳动物。海豚分为海洋海豚和河流海豚。比如我，就是海洋海豚。淡水水域是很无聊的，所以我喜欢波涛澎湃的大海。海豚的种类多种多样，你以为我在胡编乱造吗？不是的，海豚的数量真的很庞大，而且我们各不相同。最有名的要属生活在黑海和地中海的宽吻海豚了，我就是其中一员。最大的海豚科动物是虎鲸，体重高达8000千克。最小的海豚是生活在新西兰的毛伊海豚，重量约为50千克，而我的体重足足是他们的3~6倍。

海豚的体重可能是你的 12 倍。

地球上栖息着近 40 种海豚，其中，中国有 18 种。

3

海豚能活到**50**岁。

我们的居住地

　　我们海豚最看重自由，哪里舒适就住在哪里，任何一片大海或者大洋都可以。当然，我们也不只生活在大海里，海洋海豚有时也会游进大河的河口，如莱茵河、易北河、泰晤士河，我们可以在淡水中生存好几个月呢！而对于生活在河流中的淡水海豚来说，他们有时也会游到大海中。淡水海豚住在亚马孙河、恒河、长江中，甚至在非洲的维多利亚湖和尼日尔河都能看到他们的身影。

　　啊！我们不喜欢孤独，不管做什么事都喜欢和朋友们一起。和两三个朋友住在一起，生活会变得更有趣。大家可以一起玩耍、狩猎、聊聊关于世界的一切。有时我们会成百上千只地聚在一起来做重要决定。每只海豚不仅有自己的名字（听起来像一声特殊的哨声），而且还有表达自己独特见解的权利。我们没有领导者，因为我们重视集体的智慧！

一个海豚群中海豚的总数量甚至能达到5000只。

海豚皮肤伤口的愈合速度是人类的 **9** 倍。

海豚表层皮肤细胞每 **2** 小时更新 **1** 次。

我们的皮肤

　　我和你非常相像，但老实说，在某些方面我比你们人类还要优秀些。啊！请不要生气。你看，我皮肤的厚度是许多动物的 10~20 倍。它还具有快速愈合的特异能力，即使是和足球截面差不多大的伤口也能愈合，而且不会留下疤痕。啊！另外，如果我身上被划破了，伤口还不容易流血呢。皮肤上用显微镜才看得见的鳞片让我成为了游泳界的竞速高手。我的身体构造完美地适应着水中活动，弹性十足的皮肤也可以助我一臂之力，它如此光滑，使我几乎感觉不到水的阻力。这哪里是皮肤呀，简直是奇迹！我的鳍还可以调节温度！如果周围环境突然升温过度，我可以通过它们释放多余的热量。皮下厚厚的脂肪层还能避免我的体温过度下降。在不得不挨饿的时候，这种脂肪就能拯救我，因为没有脂肪就没有能量呀。

我们如何呼吸？

我是哺乳动物中牙齿数量纪录的保持者。我有100多颗牙齿！你不相信吗？来数一数吧。我们的牙齿像刺一样尖锐，可以死死地咬住光滑的猎物。我呼吸空气，可是我并没有鱼类的鳃，因为我用肺呼吸。"呼吸"这个词很有趣，对吧？我可以利用肺发出不同的声音。我浮出水面进行呼吸，吸气和呼气用时不到1秒钟。1分钟内我只需要呼吸3~5次。我肺的体积比人类的要大，它们工作起来也更出色。在吸气之后，我可以长时间待在水下。我们宽吻海豚平时可以屏气约7分钟，但在水下停留的时间却可达15分钟。因为我们在潜水期间心脏工作的速率减半，氧气首先被供给大脑和心肌。

海豚每次呼吸时可以更换肺中 **80%** 的空气，这一数值约是你的 **4** 倍。

海豚不会咀嚼，而是一口直接把食物整个吞下。

我们的感官

　　我一直在夸奖自己是吗？好吧，我其实也有不足之处——那就是我的嗅觉，或者更确切地说，其实我根本没有嗅觉。海水和空气的气味闻起来到底有什么不同呢？但我能感知到同类，因为海豚散发着爱和愉悦的气息。我的触觉特别发达，但我几乎没有痛感！即使受了重伤，我也能继续玩耍、游泳、嬉戏。这并不是因为我是个没有知觉的傻瓜，而是我的身体能产生一种缓解疼痛的物质。

　　我在水中能看得很清楚，但在空气中却看不了太远。我的眼睛位于头部两侧，所以鼻子跟前的东西是看不到的，但我拥有300度的"全景视野"。我的听觉是最发达的，不仅能感知一般的声音，还能感知超声波，要知道，没有一个人类朋友能听得到这种声波呀！

海豚的字典中约有 190 个词语。

海豚大脑中的脑回路数量是人类的 2 倍。

我们来聊聊

　　我可以发出类似吹口哨的声音、小狗"汪汪"叫的声音、猫咪"喵喵"叫的声音，还有尖叫声、"嘎嘎"声、"唧唧"声、咆哮声。我用三对与鼻腔相通的气囊发出声音，在进食、焦虑、恐惧时也能发出特殊的声音信号。当有伙伴在水下面临窒息的危险时，就会发出求救信号，这时其他海豚会急忙赶去救援，将他推上水面。

　　我会通过发出不同声音来表达不同的意思，一些声音可以帮助同类们规避阻碍，找到食物；一些声音，如叽叽声或口哨声，则说明我需要与亲朋好友们聊聊天。

　　不管白天还是黑夜，不论在海洋深处还是水面，我都可以很准确地进行定位，因为我有一个声呐系统，可以通过它进行回声定位。有了声呐系统，当我发出声音信号后，这些声音会从水下各种各样的物体的表面反射回来，而我可以通过捕捉这些回声来定位。

游泳和潜水

　　我速度很快，弹跳力超强，是名副其实的杂技演员！船只激起海浪时，我可以借助海浪的力量顺势向前以每小时 65 千米的速度游去。但我平常的速度可没这么快，一般我每小时可以游 5~12 千米。我是海洋动物中最出色的杂技演员！我喜欢跃出水面在空中翻转，然后再次潜入水中，或者愉快地用尾巴拍击水面发出声音。

海豚可以潜入 **550** 米的深海中捕捉鱼类。

宽吻海豚能跃出海平面高达 **5** 米。

海豚游泳的速度是奥运会游泳选手的 **8** 倍。

100 m

200 m

300 m

400 m

500 m

550 m

宽吻海豚每天需进食
8~20 千克的食物。

我们的食物

　　我们是优秀的猎人，平时以鱼类、软体动物和甲壳类动物为食。我喜欢和伙伴们一起狩猎，这可真有趣啊！狩猎时我们互相帮助，一起围住浅滩不让鱼儿游走。我们通过哨声互相传递信息，有时我们也会使用声波把猎物震昏。一般我们在白天捕猎，但是如果鱼类的个头开始变小，我们就会吃栖息在海底的章鱼和海底鱼类，而且最好在夜晚，当章鱼和海底鱼类醒来时再捕食它们。我们中的一些"歹徒"还会袭击自己的亲人们，比如说虎鲸，他们还吃海龟、水生哺乳动物和鸟类呢。

海豚可以连续 **5** 天不睡觉。

我们怎么睡觉？

夜晚我通常在水面之下睡觉，有时白天也会睡个午觉。睡着的时候，我的尾巴会轻轻地摆动，这样我就能浮出水面进行有规律的呼吸了。

海豚大都在水下约 **50** 厘米处睡觉。

睡觉时海豚每 **30** 秒
就会浮出水面一次让自己换气。

我长着一个不同寻常、令人吃惊的脑袋：一侧脑半球在睡眠状态中，另一侧脑半球则会控制着身体浮出水面呼吸。在睡着时，我仍然可以扫描出周围正在发生的一切。否则，要是在睡觉时突然出现敌人，或者危险的情形，那怎么办呢？因此，每隔半分钟我就会短暂地睁开一下自己的眼睛。

海豚一般 **6** 岁时就成年了。

我是怎样长大的?

　　刚出生时，我的眼睛就是睁开的，我会浮出水面呼吸。我的母亲以及另外两只海豚阿姨会陪伴着我。起初几个小时，我像一个直立的浮标一样游来游去。我一出生就能看到东西、听见声音、会游泳，还可以和妈妈用声音交流，而且我还能区分出我的妈妈和其他海豚呢！第一个月我并不会睡觉，在这种情况下，我的妈妈只能保持清醒，但她并不会生气。妈妈用爱抚养我长大：她用自己的"喙"叼着食物喂给我，不管到哪里都会陪伴着我。两周大时，我就开始玩耍嬉戏了，我这一生都在玩儿呢！当妈妈休息时，我会加入成年海豚的游戏里或者和鱼类朋友一起玩耍。妈妈并不赞成我这么做，所以她会惩罚我，让我潜到海底。但当她被别的事情分心时，我还是会和成年海豚一起玩儿。

我们的天敌

我们几乎没有天敌，多么幸福呀！有时鲨鱼会猎食我们的海豚宝宝，可我们又能怎么办呢？还有我们的亲戚——虎鲸……想象一下这么一个庞然大物对成年海豚发起攻击时的情形吧！不过，海豚们也会对其进行反击：多对一！

在哥斯达黎加、印度、智利还有匈牙利都禁止饲养海豚，所以那里没有海豚馆。

现在呢，有一个令人失落的消息要告诉你：海豚的主要敌人其实是人类。在有些地方，人们会捕杀我们。还有个敌人就是噪声。啊！船舶发动机、回声探测器、石油平台不间断地发出的噪声，这种"音雾"严重干扰着我们，给我们"说话"、定位、捕猎、恋爱都带来了困难。你们人类的军队和地质学家使用的强大的声呐所发射出的声波还能导致海豚大规模死亡。至于水下爆炸，我已经不想说了。这些原因导致有些种类的海豚已经濒临灭绝。

你知道吗？

许多学者认为，海豚是由古生物中爪兽进化而来的，这种生物很像长着蹄子的狼。

大约 6000 万年前，中爪兽在海边沿岸灌木丛中捕食鱼类，这些丛林紧靠气候温暖的海洋。渐渐地，它们的躯体发生变化——长出了光滑的尾巴，爪子演变为鳍，皮毛逐渐消失，鼻孔移到头顶的位置。

与海豚亲缘关系最近的现代生物是河马。

为什么海豚被称为"海豚"呢？它们的名字源自希腊语 delphis，原本可能指的是婴儿、新生儿或生命之源。海豚看起来真的像一个刚出生的婴儿，那么有趣，而且不怕生。它们的叫声就像小孩子在呼喊自己妈妈时发出的号叫声："哇——哇——哇！"

另一个版本是，海豚 dolphin 这个词来自词汇 delphos，在希腊语中是"兄弟"的意思。

也许你也听说过一些故事，海豚会救溺水的人类朋友，它们把溺水者推向水面并帮助他游到岸边。有时，人类在海中意外遇到鲨鱼，海豚也会帮忙赶走这些鲨鱼。总之，海豚的行为举止就像人类的兄弟一样，在人类遇到困难时会前来帮助。

怪不得海豚有时也会被称为"海洋人",

它们是栖息在水中最有智慧的动物。

让我们看看海豚还能做些什么。例如,海豚可以在镜子中认出自己,并且能意识到镜子中的就是自己而不是另一只海豚。在动物中,只有大象和类人猿才具有这种能力!此外,海豚还可以像狗一样懂得人类的动作指令。其他动物(可能除大象之外)看到的仅是人类的手指罢了,而不会试图理解人类通过手势所表达的意思。

每只海豚都有自己的名字。

海豚是动物中唯一通过名字来相互呼唤对方的,大约在1岁时,海豚就有了自己的名字。这是一种特殊的哨声,这一声音只能召唤来它本尊。
有趣的是,海豚不仅给彼此起名,还会给海洋中其他的动物朋友起名呢,甚至还会给海豚馆里和它们一起工作的驯兽师们起名字。

另外,差不多只有海豚会按照自己的
意愿来和人类朋友合作。

严格来说,人类无法像训练狗狗一样来训练海豚,而是应该像教育孩子一样。海豚可以为潜水员运来所需的工具:钳子、锤子、扳手等,还可以找到落入水中的物品。

大约在2000年前,人类就开始驯化海豚,
古代学者普林尼乌斯(公元24-29)
曾记述过相关内容。

人们训练海豚进行海底探查，提供土壤样本，寻找轮船残骸、珍珠贝，探测鱼群和遇险的船只，搭救落水者等。有些国家还有军用海豚，它们可以探测到水下鱼雷，找到敌舰、潜艇，并追击敌方。

海豚还可以帮助人类治疗疾病，医学上
有专门的研究方向——海豚疗法。

海豚疗法主要是通过人与海豚之间的直接交流，如一起游泳、玩耍、锻炼，并以此来治疗许多儿童和成人的疾病。另外，海豚还可以发出一定频率的信号以及利用超声波来进行治疗。许多城市的海豚馆，设有专门的部门来施行海豚疗法。

海豚很关照生病的同类。当瘦弱的同伴

无法靠自己的力量游上去时，

其他海豚会帮助它浮上水面。

海豚对同人类交流很感兴趣！当工作人员在池边给其中一只海豚喂食或抚摸它时，其他海豚会将它推开——它们会因为"争夺"被抚摸的特权而发生冲突。喂食时，一只海豚甚至都能推开其他所有海豚，将鱼从同类的鼻子下抢过来并立即抛掉，之后再尝试捉回那条鱼——这只不过是因为它们喜欢玩耍。

不过，自由的生活才会

让海豚更舒适·更快乐。

海豚经常会长时间地互相追逐、打打闹闹。有时，海豚也和鲸一起嬉戏，它们接近体格庞大的鲸并占据其上方的位置，等这个庞然大物突然游出水面进行换气时，它的鼻子就会把海豚也顶出水面。在这种情况下，鲸几乎会垂直于水面立起来，在这时候，海豚会沿着鲸的身躯滑回水中，就像滑滑梯一样！

住在亚马孙河的海豚弟弟会把木棍、石子、土块
当作礼物送给海豚妹妹。但最好的礼物
要属一束束的水草了。

每种类型的海豚都有自己的特点。例如,虎鲸是可怕的掠食者,它们捕食成群的海豹、海象、企鹅和海鸟。即使是巨大的蓝鲸也无法从虎鲸的血盆大口中逃脱!但虎鲸通常不会攻击人类。这些海豚生活在世界各地,最寒冷和最温暖的海洋中都能看到它们的身影。

虎鲸的背鳍高达 180 厘米,
比成年人类的平均身高还要高。

而露脊海豚则根本没有背鳍。它们是鲸目动物中优雅的代表!目前,关于它们的研究虽然还不太多,但科学家们已经有所发现。首先,南露脊海豚的皮色比北露脊海豚的更明亮;其次,与黑白相间的父母不同,幼崽在出生后的 1 年内通常是浅灰色或褐色的。

来自南美洲的拉普拉塔河河流海豚既可以在淡水里生存,
也可以在咸水里生存。它们长着又长又细的"喙",
方便其在淤泥中找寻栖息在底层的鱼类。

不同的海豚外形各异,有花斑的、灰色的、黑色的,有白面的、白边的、白腹的,有长吻的、短平鼻的,有宽额头的、大牙齿的。它们每一只都应该得到属于自己的名字!例如,花斑喙头海豚真的很花哨,它们的腹部、躯干两侧、背部和下巴都是雪白的,而其他部位则是黑色的。

白边海豚的躯干两侧长着亮色条纹,
颜色从淡黄色到灰褐色。

宽吻海豚生活在温暖的热带水域，它们喜欢猎食鱿鱼。宽吻海豚并没有明显的"喙"，它们的脑袋又宽又圆。但是人们很难见到它们的踪影，因为它们通常在很深的地方游泳。

澳大利亚短平鼻海豚之所以被这样命名，是因为它们长着短而平的鼻子和又短又圆的背鳍！

在亚马孙河、马德拉河和奥里诺科河栖息着粉红鼻瓶海豚，它们的皮肤颜色会随着年龄的变化而变化。幼年的海豚是黄灰色的，腹部颜色较浅；成年海豚的背部是粉红色的，腹部呈白色。雄海豚通常比雌海豚的皮色更亮。粉红鼻瓶海豚的眼睛是黄色的（其他所有海豚的眼睛都是黑色的），这有助于保护它们免受阳光刺激。

糙齿海豚的牙齿非常坚固，它们每颗牙的厚度达 1 厘米（约同你手掌的厚度），牙齿上还长有纵向的纹。

领航鲸，又称巨头鲸，通常大约 50 多只一群在一起遨游。它们像花样游泳队一样一起游动，完全不会破坏整体队形。它们一起跳出水面，甚至同时漂浮到海面呼吸空气。这真的是一种奇观呀！

领航鲸主要以鱿鱼、章鱼为食，但也不会拒绝鱼类。

你知道海豚是如何捕鱼的吗？还没人能像它们一样捕鱼呢！首先，海豚借助超声波探查水层情况，一旦发现鱼群就会加快速度，沿途发出声音对鱼类进行恐吓。受惊的鱼类紧密地聚集在一起，海豚接近鱼群并呼出一些空气，形成的气泡成为了一道屏障，然后，就可以安静地一条一条的把它们捕获！

狡猾的海鸥从空中观察着海豚的族群，

一眨眼就从海面上叼走心不在焉的海豚宝宝。

人类非常欣赏这些聪明的海豚，于是用海豚的名字给各种发明进行命名。例如300多年前，一般建造于俄罗斯沃罗涅日，装备有62门大炮的舰艇就被称为"海豚"号；俄罗斯第一艘作战潜艇也被称为"海豚"号。不过，人们可不仅仅只在装备上使用海豚的名字使其"永垂不朽"。许多国家的城市中还坐落着各种海豚纪念碑，如新西兰、土耳其、希腊、克罗地亚、泰国、格鲁吉亚、土库曼斯坦、乌克兰，还有俄罗斯。

海豚座也是 **88** 个星座中的一员，

夏秋季可以观测到海豚座中最亮的几颗星星。

许多市镇的徽章上也装饰有海豚的图案，海豚象征着勇气、英勇、谨慎。俄罗斯的扎奥焦尔斯克市（位于摩尔曼斯克州）的市徽是一只金色的海豚，巴西里约热内卢的市徽上镌刻有两只白色海豚，法国敦刻尔克的市徽上则是一只长着红色尾巴和鳍的蓝色海豚。

友善、忠诚又聪明的海豚

是名副其实的大海史诗的象征。

我的空闲时间几乎都用来做游戏了，我也很乐意和你们一起玩游戏。来海里游一游吧！让我们一起快活玩耍！

再见啦！让我们在大海里相见！

动物园里的朋友们

本套书共三辑，每辑 10 册，共 30 册。明星作者以第一人称讲故事的形式，展现每个动物最与众不同、最神奇可爱的一面，介绍了每种动物的种类、生活环境、形态特征、生活习性等各方面。让孩子们足不出户也能了解新奇有趣的动物知识。

第一辑（共 10 册）

我是企鹅　我是狐狸　我是刺猬　我是老虎　我是蝙蝠　我是山羊

我是松鼠　我是狮子　我是北极熊　我是大熊猫

第二辑（共 10 册）

我是海豚　我是河马　我是猫　我是蛇　我是长颈鹿　我是驼鹿

我是蚊子　我是蝴蝶　我是浣熊　我是麋鹿

第三辑（共 10 册）

我是小熊猫　我是大象　我是长尾猴　我是斗牛犬　我是考拉　我是树懒

我是袋熊　我是蚂蚁　我是老鼠　我是臭鼬

图书在版编目（CIP）数据

动物园里的朋友们. 第二辑. 我是海豚 / （俄罗斯）
弗·米尔佐耶夫文 ；于贺译. -- 南昌 ：江西美术出版
社，2020.11
ISBN 978-7-5480-7514-1

Ⅰ. ①动… Ⅱ. ①弗… ②于… Ⅲ. ①动物－儿童读
物②海豚－儿童读物 Ⅳ. ①Q95-49

中国版本图书馆CIP数据核字 (2020) 第067727号

版权合同登记号 14-2020-0157

Я дельфин
© Mirzoev V., text, 2016
© Chudnovskaya E., illustrations, 2016
© Publisher Georgy Gupalo, design, 2016
© OOO Alpina Publisher, 2018
The author of idea and project manager Georgy Gupalo
Simplified Chinese copyright © 2020 by Beijing Balala Culture Development Co., Ltd.
The simplified Chinese translation rights arranged through Rightol Media (本书中文简体版权经由锐拓
传媒旗下小锐取得Email:copyright@rightol.com)

出 品 人：周建森
企　　　划：北京江美长风文化传播有限公司
策　　　划：巴拉拉
责任编辑：楚天顺 朱鲁巍
特约编辑：石　颖 吴　迪 王　毅
美术编辑：童　磊 周伶俐
责任印制：谭　勋

动物园里的朋友们（第二辑） 我是海豚

DONGWUYUAN LI DE PENGYOUMEN (DI ER JI) WO SHI HAITUN

［俄］弗·米尔佐耶夫 / 文　　［俄］叶·丘德诺夫斯卡娅 / 图　于贺 / 译

出　　版：江西美术出版社		印　　刷：北京宝丰印刷有限公司	
地　　址：江西省南昌市子安路 66 号		版　　次：2020 年 11 月第 1 版	
网　　址：www.jxfinearts.com		印　　次：2020 年 11 月第 1 次印刷	
电子信箱：jxms163@163.com		开　　本：889mm×1194mm 1/16	
电　　话：0791-86566274 010-82093785		总 印 张：20	
发　　行：010-64926438		ISBN 978-7-5480-7514-1	
邮　　编：330025		定　　价：168.00 元（全 10 册）	
经　　销：全国新华书店			